SUR GRIN VOS CONNAISSANCES SE FONT PAYER

- Nous publions vos devoirs
  et votre thèse de bachelor et master

- Votre propre eBook et livre –
  dans tous les magasins principaux du monde

- Gagnez sur chaque vente

Téléchargez maintentant sur www.GRIN.com
et publiez gratuitement

Bibliographic information published by the German National Library:

The German National Library lists this publication in the National Bibliography;
detailed bibliographic data are available on the Internet at http://dnb.dnb.de .

Imprint:

Copyright © 2016 GRIN Verlag, Open Publishing GmbH
Print and binding: Books on Demand GmbH, Norderstedt Germany
ISBN: 9783668438279

This book at GRIN:

http://www.grin.com/fr/e-book/356535/construction-de-la-petite-centrale-hydro-
electrique-de-4-5mw-a-la-riviere

Patrick Ngosse

Construction de la Petite Centrale Hydroélectrique de 4.5MW à la Rivière "Molungu"

GRIN Publishing

KONGBO NGOSSE Patrick

GUIDE DE MISE EN ŒUVRE D'UN PROJET DE LA PETITE CENTRALE HYDROELECTRIQUE

Source : propre image

CAS DE LA RIVIERE MOLUNGU

AVANT-PROPOS

Ce guide technique s'adresse aux professionnels de construction des barrages hydroélectriques.

Nous avons essayé de répondre le plus simplement possible aux questions et problèmes auxquels est confronté les ingénieurs et techniciens par un cas pratique, conciliant l'expérience acquise sur terrain. Il s'agit d'une rivière Molungu au Nord de la République Démocratique du Congo.

Cette édition aborde les aspects d'étude préalable, et dans une moindre mesure, les aspects hydrologiques.

Ce guide est utilisé non seulement dans les projets en chantier, mais aussi dans les Institut Techniques Appliquées et autres.

Malgré l'attention portée à sa réalisation, des erreurs ont pu se glisser dans le texte. L'auteur remercie les utilisateurs, si tel est le cas, de bien vouloir les signaler.

Les utilisateurs de ce guide sont invités à me communiquer leurs commentaires et critiques, afin d'assurer à cet ouvrage l'évolution la plus adaptée aux réalités de terrain.

Les remarques sont adressées à :
Patrick Kongbo Ngosse
+243979013384
patrickngosse@gmail.com

SOMMAIRE

LISTE DES TABLEAUX

INTRODUCTION

Le présent document constitue le résumé du Model de Projet de construction de la petite centrale hydroélectrique de Molungu dans la province du Sud Ubangi en République Démocratique du Congo. Sur le plan environnemental, ce Model de Projet est classé en catégorie environnementale 1. En conformité avec les exigences de la Banque et du pays concerné en matière de Politique de l'environnement, ce Model de Projet est élaboré dans la zone du Model de Projet et soumis aux sponsors.

La description et la justification du Model de Projet sont d'abord présentées. La description des principales conditions environnementales du Model de Projet y est présentée ainsi que les options qui sont comparées en termes de faisabilité technique, économique, environnementale et sociale.

Les impacts environnementaux et sociaux sont résumés et les impacts inévitables identifiés. Les mesures de bonification et d'atténuation des impacts négatifs, ainsi que le programme de suivi y sont présentées. Les résultats des consultations publiques tenues dans la zone d'influence du Model de Projet sont exposées et les initiatives complémentaires liées au Model de Projet. La conclusion évoque l'acceptabilité du Model de Projet.

SECTION A : DESCRIPTION ET JUSTIFICATION DU MODEL DE PROJET

Le Model de Projet a pour objet la construction, l'exploitation et la maintenance d'une centrale de production d'électricité d'origine hydroélectrique d'une capacité de 4.5MW dans le village de Bokangadua, à l'Est de Gemena. La centrale sera érigée sur la rivière Molungu, après le pont nouvellement construit. Elle sera connectée au réseau de la SNEL par des lignes de transmissions aériennes raccordées à un transformateur MT/HT qui sera érigé à proximité du site, situé à moins de 100m de celui-ci.

Les composantes du Model de Projet sont : 1) la construction d'une petite centrale hydroélectrique de 4.5MW ; 2) la construction d'une ligne de transmission de 18Km ; 3) l'acquisition et l'installation d'équipements nécessaires ; 4) la gestion du Model de Projet.

Le Model de Projet est développé par le Bureau d'Etude en Energie Renouvelable dans la province du Sud Ubangi, et qui pilotera les actions pour exécuter le Model de Projet. Le Contrat d'achat d'énergie qui va être signé entre le Bureau d'Etude et la Société National d'Electricité (SNEL) a pour objet la construction, l'exploitation et la maintenance d'une centrale de production d'électricité d'origine hydroélectrique d'une capacité de 4.5MW dans le village de Molungu, à l'Est de Gemena.

Le schéma de principe ci-dessous illustre le système de production d'électricité par le procédé hydroélectrique conformément à la petite centrale hydroélectrique de Molungu :

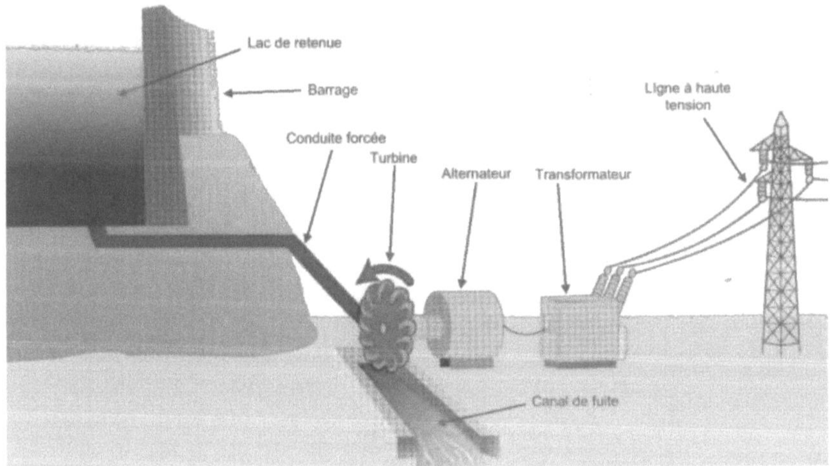

Figure 1: Fonctionnement des petites centrales hydroélectriques

Source : http://tpe.tdcc.fr/fonctionnement-et-caracteristiques.html

La centrale utilisera une turbine Kaplan. Elle sera connectée et mise en service en novembre 2017. En mars 2017, la SNEL va confirmer le Model de Projet en signant un premier avenant au Contrat d'achat d'énergie et en sollicitant au Ministère des finances une caution solidaire vis-à-vis de ses engagements. Il s'agira du premier Model de Projet hydroélectrique réalisé en Sud Ubangi suite au vaste appel d'offres lancé par le gouvernement provincial pour promouvoir l'électrification de la province.

SECTION B : CONTEXTE ENVIRONNEMENTAL ET SOCIAL DU MODEL DE PROJET

B.1. Zone d'influence du Model de Projet

La Zone d'influence directe du Model de Projet couvre la rivière Molungu qui est dans le village de Bokangadua située à 17Km de la ville de Gemena, dans la province du Sud-Ubangi en République Démocratique du Congo.

Le village de Bokangadua est au beau milieu de la forêt équatoriale.

Le site où sera implanté la petite centrale hydroélectrique est limité : au Sud par la cuvette équatoriale, au Nord par la route de Bodokola, à l'Ouest par la route Gemena-Karawa et à l'Est par un espace libre (non occupé).

B.2. Milieu physique

Les données climatiques proviennent de la station de référence de INERA Boketa. La température, la pluviométrie, l'insolation et les vents sont les facteurs climatiques qui régissent le plus le climat de la zone.

B.2.1. Les précipitations

Le climat de la zone est de type équatorien marqué par une pluviométrie abondante avec de fortes variations annuelles et la distinction de deux saisons climatiques : la saison des pluies de juillet à octobre avec les maximas de pluviométrie localisés aux mois d'août et de septembre d'une part, et la saison sèche (de novembre à juin) d'autre part.

Dans la zone Nord, la pluviométrie est marquée par un gradient Ouest en Est entre les Départements de INERA Boketa et Bokangadua. D'une moyenne annuelle de 330 mm à INERA Boketa on passe à environ 315 mm à Bokangadua.

Figure 2:L'écoulement de la rivière Molungu

Source : propre image

B.2.2. La température

La température est un paramètre très influent en zone équatoriale. La zone du Model de Projet est marquée par de fortes chaleurs avec des températures qui varient entre 26° et 40 °C et une moyenne de 35 °C.

B.2.3. L'humidité relative

L'humidité relative maximale connaît ses plus faibles valeurs entre novembre et avril et associé à la présence du flux d'Est. À partir d'avril les valeurs augmentent pour atteindre le maximum au mois d'août en relation avec la présence du flux d'Ouest. Le minimum est noté entre les mois de janvier et mai. L'humidité relative minimale connaît la même évolution avec un minimum au mois de mars et un maximum en août.

B.2.4. L'insolation

Les valeurs atteignent leur maximum en mars, avril et mai alors que les valeurs minimales sont enregistrées en décembre-janvier. Les valeurs relativement basses observées en juillet-août-septembre seraient liées à l'effet de la période pluvieuse. Les fortes valeurs d'insolation correspondent à des températures très élevées et les faibles valeurs à des températures basses et inversement.

Dans la zone du Model de Projet, l'insolation peut dépasser 3 000 heures par année avec une moyenne journalière d'environ 8 heures.

B.2.5. Les vents

Trois (3) directions dominantes sont notées dans la région de INERA Boketa : il s'agit des vents de secteurs Nord, Ouest-Nord-Ouest et Nord-Nord-Est.

Les vents de direction Nord à Nord-Ouest dominent dans cette partie du pays, ainsi de mars à juin l'alizé, rafraichi par le courant des Canaries est responsable des températures relativement fraiches, des faibles amplitudes thermiques et d'une humidité constante qui est à l'origine de fréquentes rosées.

A partir de juin et jusqu'au mois de septembre, les vents sont de direction Nord-Ouest à Ouest principalement, ce vent humide appelé mousson est responsable de la pluviométrie notée à INERA Boketa.

Le montage d'un Model de Projet de petite centrale hydroélectrique nécessite des études cohérentes, progressives et continues.

L'objectif de cette section est de présenter le rapport de jaugeage qui nous a conduit à la prise de décision pour effectuer des choix des équipements adaptés à la rivière de Molungu.

Figure 3:L'arrivée de l'équipe de jaugeage

Source : propre image

Nous avons effectué des recherches sur terrain avec une équipe composée des hydrologues et des ingénieurs génies civils.

Figure 4:L'installation des équipements des jaugeages

Source : propre image

Les résultat d'études est présenté succinctement sur des rubriques en tableau.

C.1.   Etudes hydrologiques

Ces études visaient la connaissance du régime caractéristique de la rivière Molungu et la détermination du débit à turbiner. Afin d'éviter des erreurs fatales dans la détermination des débits.

C.1.1. Les mesures des débits

Tableau 1: Tableau des débits mesurés durant une année (Janvier 2015 – Décembre 2015)

Débits	Nombre de jours	% de l'année
Débits de 25,0 m^3/s et plus	41	11,23
Débits de 22,0m^3/s	54	14,9
Débits de 19,5 m^3/s	61	16,8
Débits de 18,5m^3/s et plus	80	21,8
Débits de 17,0m^3/s et plus	90	24,66
Débits de 15,5m^3/s et plus	100	27,5
Débits de 13,0 m^3/s et plus	142	39
Débits de 12,0m^3/s et plus	183	50
Débits de 11,5 m^3/s et plus	215	58,9
Débits de 10,0m^3/s et plus	256	70
Débits de 9,35m^3/s et plus	365	100

C.1.2. Les courbes des débits classés

La courbe des débits disposés par ordre chronologique apparaît très irrégulière avec des périodes de hautes eaux et des périodes de basses eaux.

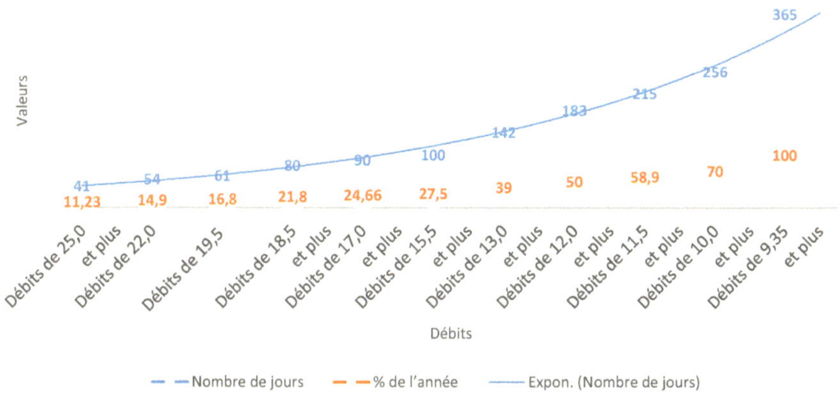

Figure 5: Courbe croissante des débits classés

Cette courbe, est la véritable signature de la rivière Molungu sur un cycle annuel.
La représentation graphique de ces débits classés sur plusieurs années donne une
courbe croissante rappelant une hyperbole

C.2. Etudes topographiques

C.2.1. La mesure de la hauteur de la chute

La hauteur de chute de l'aménagement Model de Projeté (la ligne jaune sur l'image)
a été apprécier par la lecture des altitudes des points de captage et de restitution
effectué sur Google Earth.

Tableau 2 : Tableau des données de base (Hauteur de chute nette et le débit)

Données de base	
Hauteur Chute nette (m)	**21**
Débit (m³/s)	**25**

C.2.2. Elaboration des Courbes de Niveau

Le premier document à élaborer est la carte topographique à l'échelle appropriée. Les
altitudes sont fournies ou relevées par des courbes de niveau dont l'équidistance
peut être de 2 m ou de 5 m selon les cartes.

C.3.   Etudes géotechniques

Elles nous ont permis d'évaluer la sécurité des fondations des ouvrages, la stabilité
des pentes, la perméabilité des terrains, les caractéristiques mécaniques des terrains

(résistance à la compression des échantillons du sol, module de déformation du sol, etc.) ainsi que la structure géomorphologique des terrains.

Tableau 3: Tableau des données géotechniques

Elément	%
La stabilité des pentes	**5**
La perméabilité des terrains	**30**
La résistance à la compression des échantillons du sol	**78**
La module de déformation du sol	**22**

C.4.   Etudes électromécanique

C.4.1. Choix de la turbine

Tableau 4:Tableau de la puissance de la turbine

Puissance Turbine MW	
P (MW)	4,5

Les débits caractéristiques de la rivière Molungu étudié ont déterminé le choix du débit d'équipement de la petite centrale hydroélectrique à installer.

Tableau 5: Tableau de choix de type de turbine

Choix Type turbine	
Pelton (1 injecteur)	*Mauvais Choix*
Francis	*Mauvais Choix*
Kaplan	*Bon Choix*
Hélice	*Bon Choix*
Bulbe	*Bon Choix*

La détermination du type de turbine à installer est fonction de la vitesse spécifique. Cette dernière a été calculé en fonction de la hauteur de chute nette et du débit d'équipement. Le choix du générateur est fonction de la puissance et de la vitesse de la turbine.

Tableau 6: Tableau présenta les différentes vitesses caractérisées par la hauteur de chute nette et le débit mesurés

Vitesse spécifique n_{qe}	
Pelton (1 injecteur)	0,0409915
Francis	0,4047891
Kaplan	0,5223900
Hélice	0,5926798
Bulbe	0,6441837

C.4.2. La conduite forcée

Le choix de la conduite forcée a été faite suivant les données ci-après :

Tableau 7: Tableau des données pour la mise en œuvre de la conduite forcée

hg	Hauteur brute (m)		21,00
L	Longueur Conduite Forcée		10,00
Qd	Débit Nominal (m3/s)		25,00
n	rug		0,012
c	coefficient de sécurité		3
k	soudures contrôlées par rayon X		0,9
σ	contrainte admissible acier kg/mm²		14
h	Hauteur nette (m)		20,90

C.4.3. Le canal d'amené

La dimension du canal d'amené trapézoïdale :

Tableau 8 : Tableau des données pour la mise en œuvre du canal d'amené

Q	25	débit canal (m3/s)
S	0,9	pente
n	0,014	rugosité canal
K_1	0,0320	
K_2	2,3652	
K	0,0135	
v	32,56	m/s
y	0,67	Profondeur du canal (m)
A	0,77	Section du canal (m²)
P	2,31	Périmètre mouillé (m)
R	0,33	Rayon hydraulique (m)
T	1,54	Largeur au miroir (m)
d	0,50	Profondeur d'eau (m)
b	1,15	largeur fond (m)

C.4.4. Bassin de décantation

La dimension du bassin de décantation :

Tableau 9 : Tableau des données pour la mise en œuvre du bassin de décantation

d mm	0,3	Diamètre grains sédiments en mm
Q m³/s	25	Débit turbiné m³/s
V_{DO} m/s	0,0477	Vitesse dépôt grains dans eau stagnante m/s
V_D m/s	0,0236	Vitesse dépôt sédiments m/s

V_t m/s	0,21	Vitesse de transfert des sédiments m/s
V_{cr} m/s	0,21	Vitesse critique de transfert m/s
L_{bassin} m	97	Longueur bassin en m [$L^2 = 1,1*8*(Q/V_D)$]
h_{bassin} m	1,3	Profondeur bassin en m
B_{bassin} m	2,6	Largeur bassin en m
R_h m	0,7	Rayon hydraulique bassin en m

C.4.5. Le bâtiment d'usine ou les ouvrages de restitution

Les bâtiments qui protègera les équipements de production et les organes de commande manuelle ou automatique.

L'emplacement des bâtiments en prenant en compte les nuisances phoniques engendrées et les contraintes paysagères.

SECTION D : REALISATION DU MODEL DE PROJET

Dans la réalisation de la petite centrale hydroélectrique de Molungu, deux types d'intervenants seront présents : les intervenants dans l'ingénierie et ceux dans la construction d'ouvrages.

Ces intervenants peuvent seront répartit dans les catégories suivantes :
- les concepteurs (Bureaux d'études techniques),
- les constructeurs,
- les ensembliers,
- les maîtres d'œuvre.

Dans la réalisation de la petite centrale hydroélectrique de Molungu, il y aura deux grandes phases principales : la réalisation des études et la réalisation des travaux.

D.1.   Phases de réalisation des études des PCH

On peut distinguer schématiquement 3 sous-phases d'études : Les études préliminaires (ou pré-diagnostic), les études de faisabilité et la demande d'autorisation (ou avant-Model de Projet sommaire), les études de finalisation du Model de Projet (ou avant-Model de Projet détaillé)

Chaque phase d'étude sera abordée par les aspects techniques, les aspects environnementaux, les aspects économiques et financiers.

Chaque phase d'étude permettra de décider de la poursuite ou non du Model de Projet. La progressivité et la globalité dans la démarche seront donc primordiales.

D.2.   Phase de Réalisation des travaux des PCH

Après l'élaboration de toutes les études, le dossier d'appel d'offres sera apprêté pour ensuite lancer les commandes relatives aux équipements à acquérir et travaux à réaliser.

SECTION E : PRESENTATION ET SELECTION DE L'OPTION DU MODEL DE PROJET

Le Model de Projet permettra d'ajouter 4.5MW à la capacité installée et d'accroître la capacité de génération du pays. Avec une production annuelle d'au moins 34 GWh, la centrale hydroélectrique de Molungu sera capable de connecter 200 000 nouveaux consommateurs au réseau national.

E.1. Situation sans Model de Projet

La situation « sans Model de Projet », équivaut à ne pas implanter la centrale hydroélectrique et à garder un statut quo par rapport à l'usage des terres. Cette situation entraîne plusieurs effets négatifs :

- Un retard dans l'absorption du déficit de production d'énergie électrique au niveau national, dans la réduction des coûts et des prix du kwh, contribuant ainsi à une situation de déséquilibre financier de la SNEL, un manque de compétitivité de l'économie congolaise et un impact négatif sur l'économie des ménages ;
- Un manque d'opportunité pour la communauté dans l'accès, d'une part, à des investissements sociaux du secteur privé pouvant, entre autres, permettre de valoriser davantage des terres productives et améliorer (i) la résilience des populations au changement climatique, (ii) l'accès à l'énergie électrique, (iii) l'infrastructure et la qualité des services sociaux de base, etc., et d'autre part, à des ressources fiscales locales ;
- Un manque d'opportunités pour l'Etat d'accéder à des ressources fiscales et à promouvoir un investissement rentable de fonds souverains ;
- Un manque de valorisation socio-économique de terres dégradées dans un contexte de faibles capacités des populations en matière de résilience aux effets liés au changement climatiques ;

Ce scénario ne correspond pas et n'est pas conforme à la politique du Gouvernement de la province du Sud Ubangi, ni à celle de développement économique et social du pays.

Aussi, le statut quo n'intègre pas l'esprit et les principes d'amélioration de l'Energie En République Démocratique du Congo. Enfin, cette situation de statut quo priverait les communautés à l'accès à l'électrification durable et, en conséquence, à la résilience aux changements climatiques.

Par ailleurs, l'avantage principal de la variante sans Model de Projet, à savoir la préservation des valeurs d'usage des terres, peut être restauré, voire amélioré à travers l'application de mesures de compensation (compensation de la biodiversité, compensation liée aux restrictions d'usage des terres…) et des mesures d'accompagnement social.

E.2. Alternatives du Model de Projet

Les alternatives étudiées sont relatives au choix du site, au mode de production et au choix du type d'énergie renouvelables.

Pour la variante site, le choix opéré peut être justifié :

- Au plan technique et financier : (i) par la proximité du poste SNEL pour injecter l'électricité produite dans le réseau. Cela constitue également un atout sur le plan environnemental et social, dans la mesure où aucun nouveau réseau est créé ; (ii) un taux d'ensoleillement important ;
- au plan social et institutionnel: (i) existence d'un protocole d'accord entre le village et le promoteur et sa validation par l'autorité administrative ; (ii) l'acceptabilité sociale du Model de Projet par les populations de Bokangadua, sans exception, (iii) la réduction de la disparité régionale dans la production d'énergie hydroélectrique, (iv) le site d'implantation du Model de Projet est libre de toute occupation, (v) la qualité du sol qui est une contrainte importante dans l'exploitation des terres à des fins agricoles.

Concernant la variante **mode de production**, il est à noter que les Energies Renouvelables présentent plusieurs atouts :

- Une contribution à la diversification des sources de production,
- Une contribution au passage du taux d'indépendance en énergie de 4% en 2016 à 20% en 2020
  (Lettre de Politique du Développement du Secteur de l'Energie), etc. ;
- Une réduction des émissions de GES au niveau national ;
- De faibles coûts d'exploitation ;
- Une moindre de production de déchets dangereux

En définitive, dans la gamme des énergies renouvelables, le choix porté sur la petite centrale hydroélectrique par les conditions météorologiques du site d'accueil acquis par le promoteur, les capacités techniques existantes au niveau national dans le pays, l'expérience du pays dans ce domaine et les options définies dans la lettre de politique de développement du secteur de l'énergie.

F.1. Impacts négatifs en phase travaux

L'évaluation des impacts s'effectue sur les activités d'installation de la centrale, en particulier les travaux de génie civil (i) préparation du site, (ii) routes et plateformes, (iii) tranchées, (iv) fondations, (iv) système de câblage et de montage des modules PV, etc.

<u>En phase de travaux,</u> les activités suivantes peuvent générer des impacts sur l'environnement :

- La libération des emprises des travaux (nettoyage et déblaiement de l'emprise, construction de la voie d'accès, etc.) ;

- L'installation du chantier et de la base-vie ;

- La circulation des engins et le fonctionnement des machines (niveleuses, compacteurs, camions, bétonnières, etc.) ;

- Les travaux de terrassement, de décapage, de fouille et de compactage ;

- Les travaux de maçonnerie (utilisation de la main d'œuvre) ; et

- L'exploitation des sites d'emprunts et des carrières ; -   l'installation   des

    équipements.

Les composantes du milieu susceptibles d'être affectées par le Model de Projet, de façon significative par les activités (ou sources d'impacts) sont les milieux physiques (sols, air, eau), biologiques (végétation) et humains (activités économiques, santé publique, l'emploi, qualité de vie des populations). L'impact négatif est le plus important est lié aux pertes de ressources biologique. *Incidences sur le milieu biologique*

La mise en place du chantier va s'accompagner de la libération des emprises. Le déboisement pour les besoins du Model de Projet va contribuer à la perte de diversité végétale. L'incidence de la libération des emprises sur les ressources végétales seront relativement faibles.

En ce qui concerne les zones sensibles, le site du Model de Projet n'intercepte aucune Forêt Classée où Réserve Sylvopastorale, car étant très éloignées du site. La mise en place du Model de Projet ne devrait pas avoir d'incidences sur les zones sensibles.

F.2. Impacts négatifs en Phase d'Exploitation

Les impacts potentiels les plus importants sont relatifs

Incidence sur le milieu biologique

Les oiseaux aquatiques ou limicoles pourraient prendre les modules hydroélectriques pour des surfaces aquatiques en raison des reflets et essayer de s'y poser. Notons que ces impacts suspectés sur la faune (oiseaux aquatiques, insectes, etc.) doivent faire l'objet d'un suivi.

F.3. Impacts positifs

Le Model de Projet n'affecte aucune personne et ne cause aucun préjudice dans la mesure où le site devant l'abriter est libre de toute occupation. Le terrain concerné appartient au village de Bokangadua et fait l'objet d'une affectation au Sponsor sur une durée de 25 ans.

La mise en place du Model de Projet de la petite centrale hydroélectrique apportera beaucoup d'effets positifs au plan socioéconomique et environnemental, parmi lesquels :

F.3.1. En phase travaux

- La contribution à l'emploi local (baisse du chômage des jeunes). Le protocole d'accord entre le Model de Projet et l'ex communauté rurale prévoit la garantie d'emplois locaux suivant un ratio de 40% pour les populations des villages environnants et 4.5% pour les populations des autres villages ;
- L'augmentation des achats locaux (base vie du Model de Projet) et les effets positifs sur les revenus des entreprises congolaises sous-traitantes ;
- Le transfert de savoir-faire au profit des cadres du secteur privé au niveau ;
- La contribution à l'augmentation des revenus fiscaux (importation, transport, contrats de sous - traitante, etc.).

F.3.2. En phase exploitation

F.3.2.1. Au niveau national

- La réduction de la consommation d'énergie fossile et une contribution de hisser les biocarburants et les énergies renouvelables à 15% dans la consommation intérieure d'énergie à l'horizon au moins 2020 ;
- La contribution à la diversification des sources d'énergies : la puissance prévue correspond à 2,43% de la puissance totale installée par la SNEL ;
- L'exploitation de la centrale dans sa capacité maximale permettra d'augmenter la desserte et le taux d'accès à l'échelle nationale. En effet, il est attendu que 200 000 personnes supplémentaires ait accès l'électricité à travers le réseau interconnecté, soit environ 1.36% de la population nationale ;
- La centrale va venir en appoint au réseau de la SNEL ce qui va contribuer à l'électrification de la ville de Gemena, le prix de l'électricité et leurs effets sur les plans économique et social ;
- La réduction des émissions de gaz à effet de serre ;
- L'augmentation des ressources financières de l'Etat (fiscalité) ;

- Le profit économique pour les sous - traitants nationaux ;
- Le transfert de savoir-faire et de technologies au profit de structures et des ingénieurs et techniciens nationaux ; - etc.

F.3.2.2. Au niveau local

- Des effets positifs sur la fiscalité locale : la société payera les taxes municipales, en particulier la patente. Le protocole d'accord entre Model de Projet et l'ex communauté rurale prévoit l'installation du siège social de la société dans le village, ce qui pourrait permettre d'augmenter les recettes fiscales de cette dernière, sous réserve de la faisabilité juridique au regard des dispositions du code général des impôts ;
- La valorisation de terres ;
- La restauration de la biodiversité et développement du potentiel agricole : cet impact positif pourrait être obtenu lorsque les panneaux sont inclinés et suffisamment espacés, pour être compatibles avec les plantes, car il leur faut un minimum d'espace et de lumière pour que celles - ci puissent se développer entre et sous les panneaux. Les panneaux doivent également être surélevés d'au moins 20 cm par rapport au niveau du sol, afin que les plantes ne fassent pas de l'ombre aux cellules. La répartition du substrat, utilisé pour lester les panneaux, est tout aussi importante, on se contentera de 8 cm devant les panneaux, pour maintenir une végétation basse, alors qu'à l'arrière et en dessous, on peut se permettre d'épaissir à 14 cm afin de favoriser la croissance des plantes de mi- ombre. Les types de plantes et graines choisies pourront donc être différents selon les situations. Les plantes indésirables (semis spontanés, envahissantes ou autre) qui peuvent porter ombrage aux panneaux seront arrachées lors des visites de contrôle ;
- L'opportunité, pour les communautés locales, de bénéficier d'actions de renforcement de capacités et de responsabilité sociétale et environnementale pouvant leur permettre d'améliorer l'accès aux services sociaux de base (eau potable, éducation, santé, électricité, etc.), d'augmenter leurs revenus et ainsi de réduire la pauvreté.

F.4. Impacts résiduels

Les impacts résiduels résultant des travaux et de l'exploitation sont à un niveau acceptable en considération de la réglementation et des enjeux environnementaux et sociaux.

SECTION G : CONSULTATIONS PUBLIQUES ET DIFFUSION DE L'INFORMATION

Le Model de Projet a été réalisée sur la base d'une approche participative, qui avait été initiée dès le stade amont du Model de Projet au niveau de la validation de ses termes de référence par les groupes concernés.

Figure 6 : Photo d'ensemble après une consultation et diffusion de l'information

Source : propre image

Elle résulte en final, d'une part de l'exploitation des documents de base, de cartes topographiques digitalisées et de visites de terrain, et d'autre part d'entretiens avec les représentants des différents services techniques des ministères concernés, d'ONG, d'opérateurs privés, de groupements socioprofessionnels, des populations riveraines, des Autorités et collectivités locales, des chefs de village et leaders d'opinion. Préalablement à chaque rencontre, le contenu du Model de Projet a été présenté au groupe consulté en termes d'enjeux économique, social, culturel, environnemental, et en termes de mesures d'atténuation et de bonification. Au sortir des consultations, il apparaît de façon explicite que l'acceptation de ce Model de Projet de centrale hydroélectrique dans la rivière Molungu est manifeste.

SECTION H : PLANNING PREVISIONNEL

Le Model de Projet sera exécuté suivant le calendrier prévisionnel ci-dessous présenté et en articulation avec la planification technico-économique du Model de Projet

Tableau 10 : Tableau prévisionnel

Date prévisionnelle	Mesure technique	Mesure environnementale	Responsable mise en œuvre	Responsable suivi interne	Responsable suivi externe
Janvier 2017 - Février 2017	Finalisation de la conception technique et intégration des mesures du Model de Projet	- Mise en œuvre d'une procédure de PAR Abrégé - Mise en œuvre de mesures sociales avant travaux (recrutement du personnel, zone de pâturage, etc.)	Exploitant	COMITÉ ADMINISTRATIF	Comité technique
Mars 2017 – Mai 2017	- Préparation du terrain - Travaux de Construction - Essais et tests - Réception	- Mise en œuvre des actions du plan d'atténuation et du plan de surveillance (phase travaux) - Mise en œuvre du plan de renforcement des capacités - Mise en œuvre de la procédure d'autorisation Provinciale - Mise en œuvre des mesures sociales (formation et recrutement du personnel pour la phase exploitation, mise en place d'un plan de développement social communautaire)	Exploitant (mesures atténuation et Autorisation ICPE) SYNERGIE (surveillance environnementale, renforcement des capacités, mesures sociales)	COMITÉ ADMINISTRATIF	Comité technique

| Juin 2017 - Juin 2036 | Exploitation de la centrale | - Mise en œuvre des actions du plan d'atténuation, du plan de surveillance, du plan de gestion des risques Technologiques (phase exploitation)
- Veille réglementaire
- Audit environnemental (Annuel) et réactualisation du Model de Projet
- Mise en œuvre du plan de développement social communautaire
- Elaboration d'un plan détaillé de fermeture du site et de démantèlement des installations | Exploitant (mesures atténuation, veille réglementaire, audit Et réactualisation PGES) SYNERGIE (surveillance environnementale, mesures sociales) | COMITÉ ADMINISTRATIF | Comité technique |
| Juillet 2036[1] | Démantèlement des installations | | Exploitant (élaboration et mise en œuvre du plan) | COMITÉ ADMINISTRATIF | Comité technique |

---

[1] *La durée peut être prolongée en fonction des avenants potentiels*

CONCLUSION

L'énergie est un des facteurs de production les plus déterminants dans la croissance économique. L'augmentation de la puissance installée permettra En République Démocratique du Congo de réduire le prix de l'électricité et d'avoir une économie plus compétitive. Elle facilitera aussi l'inclusivité sociale en favorisant un accès plus démocratique à l'énergie électrique.

Le Model de Projet de mise en place d'une centrale hydroélectrique de 4.6 MW dans le village de Molungu constitue une réponse adéquate aux orientations du R.D. Congo dans le domaine de l'énergie, matérialisées par l'option stratégique de mix énergétique. Le recours aux énergies renouvelables, en particulier au hydroélectrique à travers le Model de Projet, est une option pertinente pour pallier aux fluctuations des cours mondiaux du pétrole, améliorer la sécurité énergétique du pays et faciliter la dépose d'installations industrielles budgétivores qui pèsent sur l'équilibre financier du sous - secteur.

Par ailleurs, il est important de souligner que l'implantation d'une industrie dans la zone devra être perçue comme une opportunité pour faciliter l'appui technique et financier à la communauté, en particulier les femmes, à relancer les activités agricoles par le biais de la fiscalité locale, d'actions de renforcement des capacités au titre de la compensation et de responsabilité sociétale. En conséquence, le Model de Projet pourra contribuer à la restauration de la biodiversité et au développement de l'agriculture.

En plus sur le plan social, le Model de Projet boostera l'emploi local pendant la phase travaux et la phase exploitation grâce à la mise en place d'une politique de recrutement inclusive.

Ces effets positifs seront manifestes si les actions de surveillance environnementale sont bien mises en œuvre. Au-delà, la mise en place et la mise en œuvre de politiques volontaires, en particulier la RSE pourront permettre, en termes d'organisation et d'engagement, d'atteindre